厨房里的技术宅：

写给美味的硬核情书

邹　熙　主编

意大利面：

面与酱的繁文缛节

電子工業出版社
Publishing House of Electronics Industry
北京·BEIJING

图书在版编目（CIP）数据

厨房里的技术宅：写给美味的硬核情书. 意大利面：面与酱的繁文缛节 / 邹熙主编. -- 北京：电子工业出版社，2021.4
ISBN 978-7-121-40159-6

Ⅰ. ①厨… Ⅱ. ①邹… Ⅲ. ①食品－普及读物②面条－食谱－意大利－普及读物 Ⅳ. ①TS2-49

中国版本图书馆CIP数据核字（2021）第010870号

责任编辑：胡　南
印　　刷：河北迅捷佳彩印刷有限公司
装　　订：河北迅捷佳彩印刷有限公司
出版发行：电子工业出版社
　　　　　北京市海淀区万寿路173信箱　邮编 100036
开　　本：720×1000　1/32　印张：8.875　字数：160千字
版　　次：2021年4月第1版
印　　次：2021年4月第1次印刷
定　　价：98.00元（全五册）

凡所购买电子工业出版社图书有缺损问题，请向购买书店调换。若书店售缺，请与本社发行部联系，联系及邮购电话：（010）88254888，88258888。

质量投诉请发邮件至zlts@phei.com.cn，盗版侵权举报请发邮件至dbqq@phei.com.cn。

本书咨询联系方式：（010）88254210，influence@phei.com.cn，微信号：yingxianglibook。

意大利面：
面与酱的繁文缛节

说起意大利面，18 世纪的那不勒斯人应该想不到，昔日被他们当作街边小吃的这种食物，会在后来流行至全世界，并且直到今天，仍然有越来越多关于意面的新鲜种类和花式吃法不断出现。

然而，在这种大规模的普及开始之前，意面还有着更为久远的历史。虽然它今天是全世界许多家庭习以为常的日常简餐，但一直到马可·波罗回到意大利后的几个世纪，意大利面都还只是贵族的专享。是工业化的出现，让意面从上流社会的奢侈餐成为意大利的国民主食。由此看来，意面在某种程度上也反映出了文化的交替和时代变迁。

长文《意面之美》先带你回溯意面的起源。为什么意面会分这么多种？它们都是怎么来的？如果往前追溯一下历史，你便会发现，在三百多种意面中，很多命名其实承担着社会功能。作者从意大利面的成分和定义，讲到了工业化产生的干燥意面和新鲜手作意面之间的对垒，其中还包括了面与酱的黄金搭配原则。《混搭风味：极客快手意面》是一份意面制作指南，如何做出一份好吃的意面？如果将一份完整的意面拆分为三部分：浇头、酱汁和意面，那么毫无疑问，你能创造出多种多样的搭配组合。简洁而易上手的操作流程，适合工作日下班后的你来一次有趣尝试。《寻香而至的历史：香料如何改变人类文明》讲述的是关于香料的传奇故事，正是出于对香料的追求和迷恋，人类的历史进程发生了重大变化。古人对于香料的迷恋，在今天看来似乎武断而奇怪，但其强度却不可被低估。

意面之美

作者 | 西维

谈及意面，我们还得稍微了解一些更为古老的事。

“什么是意大利面？”如果现在就请你回答这个问题，你的答案会是什么？

——长长的、黄黄的、有很多形状的面条？

——经常和金枪鱼、番茄搞在一起的面食？

——意大利人经常吃的主食？

……

我也是最近才明白，如果不清楚意大利面是用什么做的，任何对意面的定义都是粗浅的。

可以这么说，当你说“我想吃‘面’的时候，你所指的这种食物，可能是由小麦粉、米粉、荞麦、玉米、土豆甚至是豆浆做成的。在不同国家、不同语境下说出这句话，所指可能有几千个变种，但“我想吃意大利面”则不是。它的答案很唯一。基本上，只有使用“semolina”，即硬粒小麦粉做成的面食，才有资格被归到意大利面的总称“pasta”之下——或者说，才称得上是标配版的意大利面。

“硬粒小麦”的意义

如果你继续往下读，就会知道这样的严格限定对于保存意面的尊严来说，是多么有意义的事。

Semolina 这个词来自意大利语，它是指以干燥、纯正的硬质小麦“durum wheat”（另有译“杜伦小麦”）碎粒制成的面粉。上等的干燥硬粒小麦粉呈嫩黄色，颜色纯正无杂色，不仅可用来制作意大利面，还可用来做早餐麦片。

为什么一定要用这种面粉呢？从用户体验的角度来说，用硬粒小麦粉来制作意面，最直接的原因就是——听起来简直有点太过简单了——特别能挂住酱汁。

标准的干燥意大利面，一般只用硬粒小麦粉和水来制作；而制作新鲜的意面时还会加入鸡蛋，过程有点类似于制作面包。硬粒小麦粉是一种富含面筋（gluten，文绉绉一点的称呼是“麸质”）的面粉，但这种面筋弹性又不如用来制作面包的面粉弹性高，因此很容易擀压。虽然听起来跟现在在美国中产当中很流行的“无麸质运动”背道而驰，但硬粒小麦粉中的面筋蛋白称得上是使意面之所以成为意面的不可替代的元素：它让干燥意面内部坚挺、质地透亮，更重要的是，让意面被放到沸水里烹煮时，不会走形。

现代意大利面生产通常要经过面团制作、塑形、干燥等几个核心过程。运用现代机械设备，在高压驱动下，让生面团穿过不同形状的塑形器，即能得到形状和大小多种多样的意面。干燥更是制作意大利面必不可少的步骤。在用机器进行操作的人工干燥法面世之前，这些等待着被包装的意面产品通常需要在低温下放置数天（至少 48 小时），而现在这个过程最快两个小时左右就可以完成了。

采用工业化生产之后，很多国家开始以产业规模来生产专门用来制作意面的硬质小麦粉。而意面工业发展至今，沿着意面生产的每个方向，可以说沿革和创新都有不少。例如，出于成本、偏好等各种原因，不少意大利面已不纯粹用杜兰小麦而是会掺入其他各类面粉来制作，诉求也超出了“挂住酱汁”这一简单需求（世界各国星级餐厅的大厨们在这块竞争尤为激烈）。又例如，一些比较小众的品牌，有的为了制造表面比较粗糙、能更方便挂住酱汁的意面，会继续使用老式压出模具；而有的为了降低意面在干燥过程中被“预先烹煮”的程度，以及确保蛋白质等营养物质的流失限度最小，又会选择沿用老式的自然缓慢干燥法来对意面进行干燥处理，这些都可视为差异化竞争手段吧。

新鲜手制意面更好吗？

对大多数食物来说，“新鲜”“手制”通常意味着“更好”。但是在意大利面这个界别，这个结论似乎没那么容易成立。

干意面和新鲜手制意面，更像是两个物种，而不是一个物种的两种不同形态，它们也没有优劣可比。有一

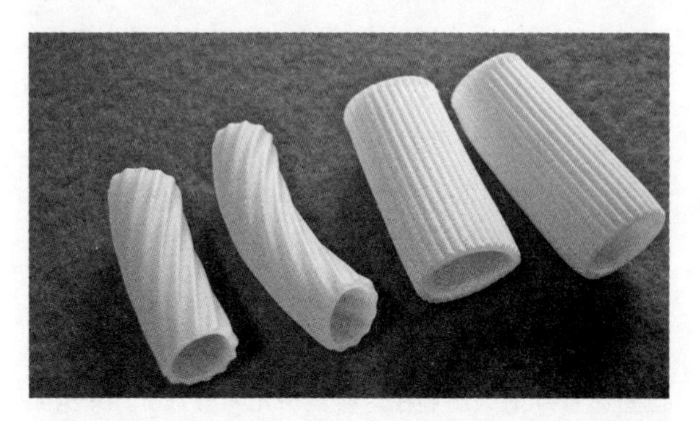

• 两粒工业制作的 tortiglioni（左）和两粒手工制作的 rigatoni（右）。

些意面通常就得是新鲜制作的，例如用于制作肉酱千层面的 lasagne；而另一些意面形态固定而复杂，如 farfalle（蝴蝶面）或 conchiglie（贝壳面），基本都不会出现新鲜制作的。

那么，新鲜手制意面有什么特别之处？上面提到，新鲜手作意面通常会加入鸡蛋，加鸡蛋主要有两个作用：第一，改良色泽、让面条看起来更显金黄，同时增加营养，蛋黄所含的脂肪还能让意面更加柔软、口感趋于细致；第二，给面粉增加蛋白质，同时能让面条更加结实，减少淀粉的释出，使其煮好之后不会变得黏稠。有的新鲜意面完全不添加水，面中的所有水分均来自鸡蛋。

• 新鲜意大利面制作过程。

如果你同时尝过干意大利面和加蛋的新鲜意面，应该会发现，后者吃起来的确更加“Q弹”，更加爽口。这可能是加蛋新鲜意面的最大好处了。由于新鲜手制更花时间，而且加了蛋的意面通常只能保存极短的时间，因此这种意面的价格通常也更贵。不过，这并不是手制意面的最大缺陷。我隐隐觉得，它最大的缺陷可能是——无聊。手制意面由于制作时间、工艺等种种客观因素的限制，完全无法达到干燥意面那么多的变换花样。

吃意大利面的核心，是快捷（买来就可以煮）、有趣（有几百种可选）。而做起来或买起来都比较麻烦、可选形状又不太多的加蛋手制意面，注定是一个小众物种。不过，如果你上网搜索意面的食谱，会发现很多来自美国的美食博客都在吹捧手工制作的意大利面如何浪漫、如何奢华，其口感如何超越干意大利面。奢华是挺奢华的，口感也的确不一样，至于是否浪漫——取决于你有多少时间了。

在我看来，主流意大利面都以不加鸡蛋的干燥形态呈现的一个核心原因，可能还是为了创造足够多的可能性。意大利面对于意大利人以及所有习惯以意面为主食的人们来说，就像鞋子衣服一样：保暖舒适是我们对鞋子衣服的基本要求，可谁都不愿意天天出门穿相同的鞋子衣服。

谁带来了意面

既然谈及意面，我们就得稍微了解一些更为古老的事。

比如说，关于意大利面的发明。一个广为流行但基本被证实为误传的说法是，意面是马可·波罗到中国学习以后给意大利人带回去的。然而，马可·波罗是 1295 年从中国回到意大利的；在那之前，意大利的历史资料已有了类似 pasta 的记录——实际上，意大利人到那会儿至少已经吃了 200 年的意面了。

再退一步说，这样的说法又能产生什么影响？——说意大利面是从中国介绍到意大利的，就像跟美国人说，汉堡是德国人带去给美国人的一样。

《意大利面百科全书》（*Encyclopedia of Pasta*）的作者奥蕾塔·扎尼尼·德维塔（Oretta Zanini De Vita）认为，是西西里的穆斯林把意面带到意大利的。在公元 1279 年左右，有人在一名热那亚士兵的仓库里发现了一篮子干意大利面。热那亚（Genoa）是当时意大利的一个城市公国，现在是意大利一个港口城市的名字。在士兵身上发现干意大利面，一方面证明了在马可·波罗老师回国之前，意大利本土就已经有 pasta 这种东西了；另一方面，在士兵而不是平民身上发现意面，又说明这种东西在当时还是相当珍贵的。

事实上，一直到马可·波罗回到意大利后的几个世纪，意大利面都是挺奢华的东西。造成这种奢华的原因有很多，比如在当时，原材料稀有、制作难度高、流程复杂等因素都提高了意面的成本和价格。

到 1400 年左右，意大利面已经进入商业化生产了，但是那些销售意面的商店到了晚上都还要派士兵专门把守店铺。考虑到当时可能没有防盗门，这听起来就跟卖劳力士似的。当时出售的干意大利面被称作“vermicelli”，还得先靠人用脚踩，使面团的延展性达到可被“擀”的程度后，才可进行接下来的加工。有时，这道工序要进行长达一天。完成这一步后，面团便要被放到模具里压出所需的形状；而在没有机器的情况下，这一重要步骤通常会分配给两个男人或是一匹马来完成。

不禁有点心酸，吃盘面而已。

不过话又说回来，面条以及以面团泥为基底的饺子，在中国一开始也只是统治阶层的专有食物。

将意面带向世界的那不勒斯

想要了解意面历史，讨论是谁把意大利面介绍给意大利人恐怕没多大意义，反而是意面和工业化之间的关系更有意思。因为如果没有工业化，大规模食用意面也就不可能实现，意面也没办法像后来一样流行至全世界。

意大利面的工业化，是从位于意大利南部的那不勒斯开始的。意面最早在那里大规模生产，一开始是得益于自然条件。

实际上，直到意面工业化之前不久，意大利人食用的主要面食大多都是由软质小麦做成的，种植硬粒小麦的地区主要在坎帕尼亚和西西里。位于南部意大利的这两个地方，土壤和气候都适合硬粒小麦生长，却不太适合风干面食，意面做成成品通常需要花费几个星期的时间。对优质意大利面的生产来说，“干燥”是一道非常重要的工序。那不勒斯特有的气候条件，恰好能让意大利面不会干燥得太慢或太快——前者会让意面因发霉而坏掉，后者会让面条变面饼，太脆太硬而没法用于煮食了。后来对意面工业化具有里程碑式意义的一些工具，都是18世纪时在那不勒斯周边被倒腾出来的。面团搅拌机、压出作业机、干燥机等等，正是这些机器的发明和应用让制造意面的成本得以逐步降低。

据老一辈美国食物作家科尔比·库默尔（Corby Kummer）的研究，1700年至1785年间，那不勒斯的意大利面商店数量从60增加到了280家。据说，当时那不勒斯街头巷尾的经典景象，是每个阳台、房顶都挂满了

• 制作 macaroni（通心粉）的人

等着被晾干的意面，真有种新疆吐鲁番葡萄干行业即视感。今天人们最为熟悉的 spaghetti 意式细面是当时那不勒斯街头随处可买到的小吃。街头小摊贩非常良心地使用木炭火炉来烹煮这些长条意面，常常还搭配佩科里诺干酪（即意大利绵羊奶酪，是比较常见的意大利奶酪品种，用绵羊的乳汁发酵制成）。虽然叉子早在 16 世纪就被威尼斯人发明了，但是在那不勒斯街头，吃 spaghetti 的人们通常都不用叉子，而是直接用手将面条拎得高高的，再一下甩进嘴里。这画风，跟今天在西餐厅里正襟危坐吃意面的年轻男女，真是好不一样。

“你的名字”

据维基百科上的引述来源，世界上在册的意面有 310

种形状之多，由于各国名字不同，意面的名字更有多达1300种。而这个名单还在随着各大厂商、厨师们的脑洞而随时增加。区区一种主食都能有这么多种形状，每一形状的轻微变种又都能延伸出更多不同的名字。为什么意面会有这么多种？它们都是怎么来的？

如果往前追溯一下历史，你便会发现，很多意面的命名其实是承担着社会功能的。比方说，许多短意面的出现常常会受它们被发明出时的时代影响，它们的名字经常是为了纪念某些人。例如19世纪末，为了纪念意大利国父之一的朱塞佩·加里波第（Giuseppe Garibaldi）将军，一种叫ditalini rigati的意面也被称作garibaldini。又例如mafalde和mafaldine这两个名字，都是描述同一款波浪丝带状意面，据说，这一名字是为了纪念意大利国王之女、萨伏伊的玛法尔达（Princess Mafalda of Savoy）。玛法尔达本身是个大美女，而这款意面的确也非常公主。

• 公主范儿的mafaldine意面。

• 玛法尔达公主（左）。

还有在意餐厅中非常常见的 tortellini（意式小云吞），也是这种情况。说来有点色情，tortellini 这种意面其实是根据某位女士的肚脐形状制作的。这位女士正是卢克雷齐亚 · 波吉亚（Lucrezia Borgia）。如果你看过美国电视台 Showtime 的剧集《波吉亚家族》（*The Borgias*），应该记得意大利历史上占有重要地位的波吉亚教皇——卢克雷齐亚 · 波吉亚，就是他那位倾国倾城的独女。尤其当你在享用蔬菜汤煮意式小云吞（一种非常常见的搭配）时，你的舌头能清晰地感受到它们的形状。

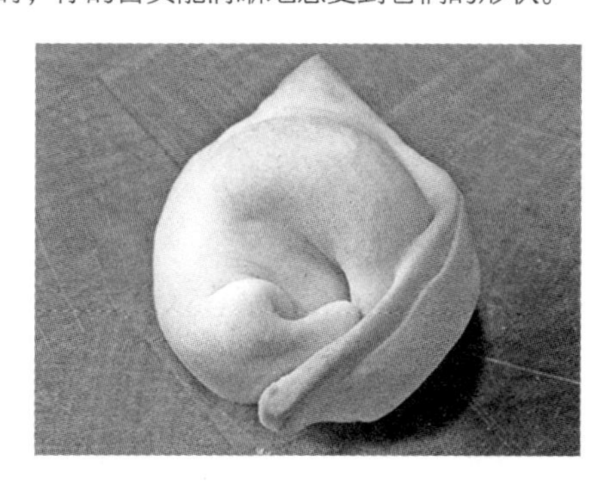

• tortellini **真身**。

还有一个让人印象深刻的例子，是特别爱出现在 buzzfeed 意大利面测试题里的 strozzapreti。这款名字颇为难读又难记的手卷意面，通常是新鲜制作而不是干的，所以在国内不太常见。strozzapreti 的字面意思是“弑牧师者”，传说因为这款面过于美味，而其由长面扭成的形状又非常便于快速吞食，很多牧师因为吃它们而送命……

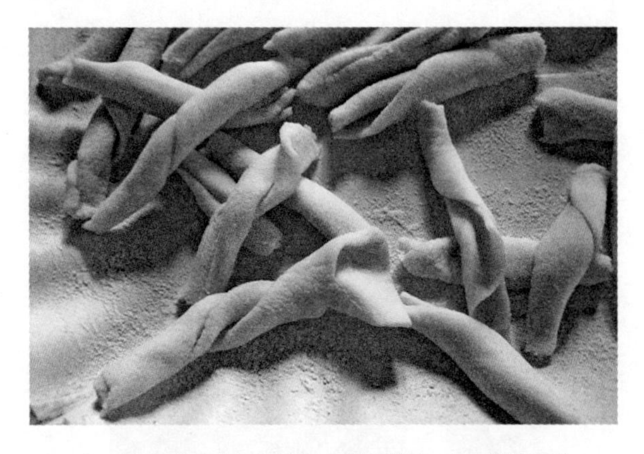

• strozzapreti 的存在提醒我们，美食当前，不可掉以轻心。

除了纪念伟人或伟人身体部位什么的，更多意面的名字仅仅是“直呼其名”，也就是直观描述其形状而已。在今天看来感觉是为小朋友而设计的 route（齿轮面）就属于这一类。这款面反映出 20 世纪初意大利工业的发展。它那一看就是必须得用机器才可生产出来的形状，还真是颇具时代特征，不禁让人联想起卓别林和电影《黄金时代》。从科技进步角度来看，齿轮面明显比“噎死面”什么的手作面先进了几个档次。

• 一款象征着工业时代的齿轮面，也被称为车轮面。

记住意面名字的实用技巧

意面是意大利人在审美上又一次统治世界的例证。光是读意大利面那些多音节的名字，就已经够美丽的了：

长宽面 pappardelle（/papär′delā/），从口感到读音都是笔者最爱，而一旦换成英文就失去了那种异域风情；贝壳面 conchiglie（/kohn-KEE-lyeh/），英文是 shells；蝴蝶面 farfalle（/fär′fälā,-′falē/），英文是 butterflies；螺丝面 fusilli，英文叫 spindles……

我想大多数人，甚至包括很多意大利人都会认同，意面的这些名字很好听，但是不太好记。大部分时候，我都是死记几款自己喜欢吃的意面，到了菜单没有图片的餐厅，铆足了劲儿把名字读出来，直到发现有人指了一条明路——

原来意大利面的所有意大利语名字，都是以复数构成的。想想也觉得合情合理。以阳性复数后缀“-ini”“-elli”“-illi”“-etti”或阴性复数后缀“-ine”“-elle”结尾的意大利面名字，均表示这款意大利面是“小的”；而带有“-oni”“-one”的词，则表示它们是“大的”。还有，以“-otti”结尾的意大利面，表示它是“较大只的”，以“-acci”结尾的则意味着面是比较粗犷、粗糙的。

另外，同一家族的意面也会通过后缀的变化来衍生出变种。这就好比我们买同一款式的衣服，以“-ini”结尾的是“小号”、以“-oni”结尾则表示“大号”，当然，有时候还有“中号”。意式细面 spaghetti 可能是我们最常见的意大利面，可能和很多人一样，我一度以为这个词就是“意大利面”的全部；但其实，spaghetti 就是这款条状意面的“中号”，还有“小号”的版本 spaghettini、以及“大号”的版本 spaghettoni。

面与酱的繁文缛节

英国《金融时报》生活与艺术版的口号很适合用来

形容意大利面：seriously, entertaining（直译为又严肃又好玩）。意大利面之所以有那么多形状，正是出于两个严肃又娱乐的原因：一是为煮食和进食增加趣味，第二个稍显严肃的原因，则是配合不同酱汁使用。

意面虽是主食，但其系统跟米饭不同。可以说，它本身就是菜的一部分。从人眼最容易辨识、粒度最大的分类来看，意大利面可以分为片状、带状、管状、条状、丝状等形态。再换个我们更容易理解的角度看，意大利面的诞生是为了被吃掉。所以，如果从如何适合被吃掉的角度来说，意面又可以分为长条形、短形和可入汤形三大类。总之，要区分意大利面的形状，从使用角度是最容易理解的。

其实上面说反了，不是意大利面配合酱汁，而是反过来——酱汁配合意大利面才对。意大利语里的酱汁叫"salsa"，但这个词其实很少跟意大利面用在一起，反倒是吃玉米片时老看到。与意面配合使用的酱汁被意大利人称作"condimento"——真是一个美丽的发音，意同英语里的"condiment"，也就是调味品。怎么解释呢？在意大利面这道"主食 + 菜"里，主次是很分明的，不是面配合酱汁，是酱汁给面锦上添花了。就像吐司和果酱、黄油之间的关系，虽然味道主要来自这些调味品，但吐司才是主角。

酱和面的主次关系同时也决定了量的比例。合理的酱汁与面的比例，是要能让酱刚刚好涂裹住意面表面，酱汁不能太多，面吃完了、酱也刚好不剩才是最佳。一般来说，每份意面只配约 ¼ 杯量的酱（1 美国标准杯约等于 250 毫升）。那多少才算一“份”意面的量呢？参考意面大厂 Barilla 品牌的定义：1 人份的意面最合适的分量是 2 盎司（1 盎司约等于 28 克），如果家里没有专业的秤，参照包装袋上的克数估一下其实就可以了。

按照这样的“合理比例”搭配，有时候的确会产生“酱给少了”的视觉观感。所以，“合理”还是相对的啦。

• 一款原料朴素的意大利家常菜：烟花女意面，当中包含了橄榄、番茄丁、酸豆、蒜等食材。通常搭配意式长面 spaghetti。

那么，是谁规定了意大利面系统里，什么酱搭配什么形状的意面的基本原则呢？目前尚未查到确凿的关于谁规定了这套系统的论述。但据推测，应该并非某一人具有这种资格。作为一种在西方世界里几乎可称为“普适主食”的东西，这套原则大概也是经验加概括的结果吧。

《意大利面百科全书》的作者奥蕾塔似乎也持这个看法。她在接受《纽约时报》的采访时提到，这些搭配原则看起来虽然有点像“繁文缛节”，但这些东西不仅没有随着时代变迁被丢弃或简化，反倒“越演越烈”，不断得到加强和细化，甚至还有点成了某种信仰、传统习俗抑或意大利人饮食系统里的祖传常识的味道。为什么不要往以鱼为基底的酱汁意面上撒芝士？虽然很难找到符合逻辑的解释，但这就是不对。

虽然这些搭配看起来非常烦琐，意面的名字也未必对得上号，但其实都是些极其朴素的用户体验设计，意大利人也无非是为了方便大家吃面。一直是个方法论爱好者的我，时常觉得方法论可以让东西变得可复制和可规模化。这样即使不是意大利人，只要按照这些原则操作，相信也不会做出太奇怪的意面。

从质地来看，意面常用酱汁分几大类：带肉块的浓稠酱汁、偏油的酱汁、汤类酱汁等等。而意面有表面粗糙的也有平整的，有长的有短的，有大的有小的，对应何种酱汁，取决于你想不想让酱汁挂面、想创造何种口感等。下面这个表格，比较全面和细致地总结了一道意面的常用搭配方案：

参考：BBC美食频道总结整理（BBC GOOD FOOD）

种类	例子	常用搭配酱汁
细长型	spaghetti, linguine, fusilli lunghi, vermicelli	较为轻口的海鲜酱汁，奶油或橄榄油为基底的酱汁
长带型	tagliatelle, pappardelle, fettuccine, mafaldine	较为浓稠的、带肉的酱汁
贝壳型	conchiglie, lumache	较为浓稠的奶油酱或肉酱；个头偏大的还可以把酱汁塞在里面
扭结型	fusilli, trofie, strozzapreti, caserecce, gemelli	较为轻口的酱汁，口感偏顺滑的酱汁，方便附着在面上的酱，典型的如 pesto 青酱
管型	penne, rigatoni, macaroni, paccheri	各种蔬菜酱汁或烤芝士，搭配博洛尼亚肉酱也极好
迷你型	orzo, fregola, canestrini, stelline	放入各种不太浓稠的汤里，或者做成意面沙拉
饺子型	ravioli, tortellini, cappelletti	通常让陷料发挥魔力，本身比较简单，上菜时有时候搭配橄榄油或者一点点黄油

还有一些简单朴实的例子，稍微一想就能明白。港式茶餐厅经常用高汤搭配通心粉（主要是用 gomiti，弯弯的、腰子状的那种），想想如果搭配千层面就很魔性了，吃的时候不甩自己一脸汤才怪。Penne（直管通心粉）有带条纹和不带条纹两种，但都以某个倾斜角度开口，区别是带条纹的更容易挂住酱汁。为什么是斜开口呢？因为斜着的口可以让酱汁更容易滑入意面内部，尤其当你用匙羹舀意面的时候。

即使你从来不在家做意面，也免不了外食的可能。别老觉得这些规矩离你很远。当你在餐厅要求服务员给你换意面时，想起这些原则或许还有用，我就经历过被有尊严的服务生拒绝请求——他认为我胡乱更换餐厅认为根本不搭的面……

开外挂的番茄

虽然意面和酱汁的搭配有各种各样“繁文缛节”，但有一种酱汁是开了挂的，那就是番茄酱。

以番茄为基底的意面酱现在似乎横扫了意面家族，但其实很多我们熟悉的家常番茄意面酱汁，都是很晚近（19 世纪末期）才出现的。番茄的意大利语名称是“pomodoro”。意大利历史上第一次出现关于番茄的记载是在 1548 年，地点是意大利中部的托斯卡纳地区。在这个时间点，意大利人已经开始吃意面很久了，所以番茄是如何进入意面界的呢？

据说，这事主要是跨海到美国生活的意大利移民促成的。在番茄酱被意大利人广泛用于搭配意面之前，橄榄油、烟花女意面中常用的凤尾鱼（anchovy）、芝士这些才是搭配意面的主要材料。1800 到 1900 年间，美裔意大利人，尤其是生活在纽约的意大利人非常渴望吃到来自“旧世界”欧洲的风味，因而纷纷在家做起意大利面；而当时，罐头番茄正好在美洲流行起来，于是就被就地取材了。据说到现在，虽然很多经典意大利面都是以番茄酱为基础，但意大利人还是不时抱怨美国人做意面加太多番茄。

最简单、最经典的番茄意面酱（pummarola），只需用到番茄（罐头番茄或新鲜番茄均可）、橄榄油、蒜、红萝卜，再点缀上一点香芹即可。根据烹煮手段不同，这种番茄酱可按浓稠度呈现出三种形态。最不浓稠的一种味道最鲜，跟喝带风味的番茄汤差不多，可以搭配基本上所有的意大利面。

在这个番茄“基酱”之上，你可以演绎出很多种其他酱汁——加一点凤尾鱼和酸豆就是“烟花女”；加一点肉、洋葱就可以变身成简版“红肉酱”（Bolognese Ragù）；加一点意式微辣培根和黑胡椒，又可以变成经典辣味培根番茄酱（Amatriciana）了。当然，加入了其他配料的意面酱，可搭配的意面范围就会收窄了，此时你可以再次参照上面的表格以免出错。

“Al Dente”

说了那么久，吃意大利面到底吃的是什么呢？什么样的意大利面才是“好吃”的意大利面？虽然有关酱汁的竞争在厨艺界一直都非常激烈，酱汁创新的可能性也明显比面本身更高，但从使用者角度出发的话，可能还是那种粗糙、硬挺、有态度的食感更能打动人。

在意大利语里，有一个词汇被专门用来形容意大利面的最好口感——al dente，翻译过来便是：弹牙而有嚼劲。

或许你可以猜到，这个形容意面“最好口感”的御用词汇，也来自最早将意面工业化的那不勒斯。大约到19世纪，这个词才传遍了意大利，跟上述番茄酱的普及基本同期。那不勒斯作为意面工业化的中心，的确有资格定义这种口感，虽然这个口感很可能是因为意面摊贩为了节省时间成本无意之间发明的。据说，因为意面需求激增，摊贩为了多做生意就把煮面时间缩短至最低，没想到顾客反而表示喜欢吃这些口感更结实的面条，于是他们干脆不再花那么多时间去煮面，而是“焯”几下就出锅。从侧面看，这也证实了现代意面“快捷”这个标签。如果你留意过意大利面包装袋上的烹煮时间提示，会发现大部分都让你不要煮超过 10 分钟。

东方人或许很容易理解这个口感，因为在我们的食物体系里，爽口、弹牙都是被欣赏的口感。但是，al dente 的意面，其实并不是很“弹”的口感，如果煮到“弹”了又好像不太对——怎么说呢，有点像介于珍珠奶茶里的黑珍珠和广东竹升面（碱水面）之间的口感。相应地，形容意面偏硬，意大利语里叫 molto al dente，偏软的叫 al forno，而恰到好处的 al dente 大约是 40% 软、60% 硬的组合。另外，加蛋鲜面通常又要比干意面更弹牙一些。

如何煮出 al dente 口感的意面

想要煮出一份拥有 al dente 口感的意面，你需要：

1. 尽量用口大一点、锅身高一点的锅来煮面，也可以购买专业的意面锅（但价格不算太亲民，好一点的大约要人民币 1500 元以上）；
2. 放至少 3/4 锅的水，盖上盖烧至水开；

3. 水开后放入两茶匙盐（放盐主要还不是为了调味，是为了不让面粘在一起；另据我个人经验，不放盐似乎非常难把意面煮软，虽然科学会告诉你这只是迷信……）；
4. 把意面扔进锅，让水再度烧开（怎么做到？快速盖上锅盖煮 10 ～ 15 秒）；
5. 保证意面始终在敞开的锅中被沸水煮着，时不时用木勺搅拌几下（英国大厨杰米·奥利弗会留一点常温淀粉水，在煮面过程中倒进去，为的是让口感进一步精致，但这属于“上层建筑”了）；
6. 严格按照包装上的“烹煮建议”来控制时间，到点即捞起，连水带面一起倒入滤筛即可，切记立即享用（很多厨师都会建议你不要把煮好的面放在滤筛超过两分钟，这样你只能吃到黏成一团的东西）。

关于烹煮时间，我的一位大厨朋友表示，他自己觉得最接近 al dente 的口感，通常需要比包装标注时间短 1 ～ 2 分钟。他建议，最好的做法是在距离包装标注时间之前一两分钟捞一点面起来亲自尝尝，如果感觉火候到了就立即收工。因为不同海拔水的沸点不同，煮面时间也会有出入。还真是蛮精细的吃法呢。

就个人而言，我更喜欢吃硬一点的口感。在家常吃的是最平易近人的 penne，严格按照包装指引烹煮 10 分钟，不要迟疑立即捞出，大致能获得 al dente 口感。另外，年轻时不知从哪里听来的误传，煮意面要“过一道冷水”才爽口，后来才知道这是错误的。这样做对提升口感没什么帮助，反而让烹煮步骤变得烦琐。

关于煮意面，也许没有任何视频比英国明星厨师、厨艺节目主持人杰米·奥利弗的经典视频更有用了。杰米·奥利弗的煮面技巧简单而实用，若你正在考虑要来一顿意式简餐，兴许从他的方法开始尝试会是不错之选。

参考资料：

[1] The Tomato’s Journey from Peru to Italy to Nello’s Sauce. nellinos.com
[2] Perfect pairings: How to match pasta shapes to sauces. by BBC Good Food team. BBC Good Food
[3] From Italy, the Truth About Pasta; The Italians know that less is more: a call for a return to basics PASTA. by Nancy Harmon Jenkins. nytimes.com
[4] 《食物与厨艺》，哈洛德·马基著，蔡承志译，

北京美术摄影出版社2013年8月版

[5] *The Geometry of Pasta*, Caz Hildebrand & Jacob Kenedy. Quirk Books 2010

[6] Pasta, by Corby Kummer, theatlantic.com, July 1986

西维 | “吃很重要”（We Have To Eat）写食专栏作者、主理人，曾出版同名电子书《吃很重要》。

混搭风味：极客快手意面

作者 | 苏珊娜·提　　**译者** | 张东亚

将一份完整的意面拆分为三部分：浇头、酱汁和意面，毫无疑问你能创造出不同的搭配组合。

发源于传统的意大利烹饪法，我们很难说清楚究竟有多少种不同形状和尺寸大小的意面，不同的地区有不同的标准，而且不同语言中也有不同的叫法名称。生产商的名字各不相同，新的种类也层出不穷。而且，意面和不同的食材搭配会产生不同的口味和颜色，比如菠菜、番茄、红椒、甜菜根、墨鱼汁、草药、藏红花以及各种调味品。此外还有软的意面，和饺子相似，比如意大利小汤团、波兰饺子和德国南部的汤面团。

所有意面都有一个共通之处，那就是用硬质小麦和水做成的，当然，也可以是硬质小麦粉或搅入鸡蛋的软面粉。做意面的主要方式是水煮或烘焙，然后辅以少许奶油或食油，当然也可以加一些配料，或者其他精调的酱汁配辅料。

意面之所以流行有很多原因，比如价格低廉、易于存储、准备起来简易省时，而且酱汁也只需少数几味原料即可做成。当然，还有意面的美味可口，但最主要的原因或许是其种类繁多。如果将一份完整的意面拆分为三部分：浇头、酱汁和意面，毫无疑问你可使用不同的搭配组合出花样别出的各式意面。

从哪里开始呢

如果你有偏爱的独特口味，最好从挑选一款酱汁开始。或许是你很喜欢吃的肉、鱼或者蔬菜，或许你希望把冰箱里你最爱的食物拿出来烹饪。或许是你此前从未尝试过的意面做法，或是吸引你买回家的琳琅满目的意面种类……也许你在给孩子做饭，他们可能喜欢形状小小的可爱的贝壳面、漂亮的花朵面或者有趣的车轮面。

面身上辅料的选择完全取决于你，不过你可以试试用酱汁里的配料，例如在马斯卡彭奶酪、核桃酱上加一些烤胡桃，或者用柠檬欧芹格雷莫拉塔（一种意大利调料）配海鲜食材，比如蛤蜊。

开始制作意面

建议先做好酱汁，这样就可以一门心思来煮意面。当意面煮好后，要选的酱汁就已经在面前了。一般情况下，简单的酱汁，如热那亚罗勒青酱，适合搭配长条、光滑的意面；奶酪、奶油、鱼、猪肉、蘑菇和番茄酱则适合长且粗的面条；厚重的酱汁和那些短粗的管状面和螺纹贝壳面是完美配搭，因为凹槽和空管可以很好地承载酱汁。不过，无论你选择哪种酱汁，很重要的一点是确保有足量的一层酱汁覆盖面身，但也要保持面条本身的口味。

准备好酱汁后，意面该怎么煮

1. 准备好干面或新鲜的意面，一份 85 ~ 115 克。
2. 用一大平底锅加水，加少许盐，迅速煮沸。
3. 将意面一次全部放入。如果你用的是长意面，顺着锅缘将其放入水中——当一端变软，再将其余部分浸入锅中。
4. 用餐叉搅动，直到达到意面包装上标注的水沸时间。煮至 al dente 即可出锅。
5. 煮好的意面用漏勺沥干，锅内留两汤匙水。
6. 轻摇意面并快速放回锅中保持意面的湿度。

7. 紧接着放入一小块奶油或者少许橄榄油摇匀。

8. 盛入温热的碗中，并铺上选好的酱汁。

*Tips

意面不宜太软或太硬，煮到有嚼劲儿最佳。烹煮的时间取决于不同的条件，比如干面、鲜面或自制的意面、意面的厚度、锅的尺寸、水质的软硬、灶火的温度，甚至海拔高度都会影响出锅时间。

可简单记住的是，不同形状的干面煮 10 ～ 12 分钟，长条干面 8 ～ 10 分钟，细一些的 6 ～ 8 分，宽面则需要 10 ～ 12 分钟。一般来说，新鲜意面的烹煮时间只需同等干面的一半。如果要烘焙意面的话，比建议的时间短 2 ～ 3 分钟为好。

你也可以提前 2 分钟将快要煮好意面捞起，同样在锅内留上两汤匙水，将准备好的酱汁与意面一同加入锅内，加入少许橄榄油混合均匀，在保持加热的条件下快速搅拌 2 分钟左右，即可出锅食用。

无论是作为主菜，还是传统意大利餐的第一道菜，意面最好盛放在较浅的汤盘中。这不仅能使意面保持热度，还能收纳酱汁。上桌的意面应该是热气腾腾的，除非是放在沙拉中，因此要保证做好的意面装盘时是温热的。

浇头 × 酱汁 × 意面

就像意面本身形状各异、尺寸不一，辅料也有无数种选择。当你对制作意面的操作流程熟悉了以后，你便可使用各种创意方式来搭配意面、酱汁和装饰配料，保证可以天天不重样。试试从以下几种常见的饰料、酱汁和意面中，分别挑一款你喜欢的来组合。相信你很快就能创造出不同风味甚至更富新意的意面。

特别提醒：本文提到的所有意面和酱汁食谱，足够烹饪 4 道主菜或 6 道前菜。

浇头

★ **烤松子配新鲜罗勒（Toasted Pine Nuts With Fresh Basil）**

烤松子本身带有独特的风味，和罗勒叶在一起更是完美搭配。将松子放入锅中用中火油焖 1 ~ 2 分钟不断翻动至其颜色变金黄。要格外注意观察色泽的变化，因为松子很容易烧煳。然后从火上移开，装入碗中，放至冷却。小片的罗勒叶保持完整，大片的撕为两半（避免用刀切以保留罗勒叶的味道），放入冷却好的烤松子，最后撒在煮好的意面上即可。

★ 大蒜&橄榄油（Garlc & Olive Oil）

- 橄榄油 3 汤匙
- 大蒜 3 瓣，切薄片
- 新鲜白面包屑 50 克
- 干辣椒籽 1/8 茶匙
- 新鲜平叶欧芹 15 克切碎
- 胡椒粉

将橄榄油放入锅中加热，然后放入大蒜，烧 1 分钟至其变软。继续放入面包屑、干辣椒籽和欧芹碎，撒上胡椒粉后烧 4 分钟，直至面包屑变脆。出锅后浇在意面上即可。

★ 格雷莫拉塔酱（Gremolata）

- 柠檬 1 个，将柠檬皮剥下切成丝儿
- 大蒜 1 瓣，切碎

- 平叶欧芹 3 汤匙，切碎
- 盐和胡椒粉

提前准备好格雷莫拉塔酱，好让食材的香气混到一起。把柠檬皮丝、大蒜碎和欧芹一起放入碗中拌匀，撒入盐和胡椒粉调味，然后将混调好的食材浇在你选择的意面上就可以食用了。格雷莫拉塔酱传统上用于搭配小牛肉，不过因为柠檬的香气，配上海鲜意面也是不错的选择。

★ 佩科里诺干酪屑（Pecorno Shavings）

佩科里诺奶酪味道有些许强烈，且异常浓郁，这种绵羊奶制成的硬质奶酪适合任何一道需要帕尔马干酪的菜品，也适合撒在任何一款意面之上。用曼陀林刀或蔬菜削皮刀将大块奶酪锉成薄片，放入碗中或者直接刨落在准备食用的意面之上。多练习一下如何刨奶酪，相信你可以刨出很大的奶酪薄片。佩科里诺奶酪浓重的咸味非常适合搭配肉酱食用。

★ 脆咸猪肉或培根（Crispy Pancetta Or Bacon）

- 橄榄油 1 汤匙
- 意式咸猪肉或去皮无烟熏五花培根 100 克，切成碎块

将橄榄油倒入锅中烧热，放入咸猪肉或五花培根，

中火烧 5 分钟，其间保持翻动至肉色金黄质地变脆。用漏勺盛出放在厨房纸巾上将油沥干。最后撒在意面上即可。

★ 乌榄&青榄（Black & Green Olives）

橄榄直接洒在意面上即可，可选择的橄榄如下：青榄——在成熟前采摘的橄榄；酒红色或棕褐色橄榄——恰在完全成熟之前摘取的橄榄；或颜色从红棕、深紫到墨绿或深栗色的天然乌榄——在其完全成熟后摘下的橄榄。注意避免使用腌渍的乌榄，这种乌榄通常在未成熟前采下并通过腌制去除苦味，并使颜色变深。你可以选择去核的橄榄，这是最方便食用的。

酱汁

★ 那不勒斯番茄酱（Neapolitan Tomato Sauce）

- 橄榄油 6 汤匙
- 洋葱 1 个，切碎
- 大蒜 2 瓣，切碎
- 罐头番茄酱 2×400 克
- 白糖 1/2 茶匙
- 新鲜罗勒叶 10 片，撕碎
- 盐和胡椒粉

将罗勒叶之外的所有材料放入平底锅中，烧至开锅再焖 20 分钟，搅拌使酱汁黏稠，最后放入罗勒叶搅匀，盛出浇在意面上即可。

★ 热那亚罗勒青酱（Pesto Genovese）

- 大蒜 2 瓣，剥皮
- 罗勒枝 35 克
- 烤松仁 40 克
- 帕尔马或佩科里诺干酪 40 克，磨碎
- 特级初榨橄榄油 115 毫升
- 盐和胡椒粉

将橄榄油之外的所有材料放入搅拌机搅碎混合。慢

慢倒入橄榄油，搅成松软、浓稠有颗粒状的酱汁，然后直接将酱浇在意面上即可。

★ 海鲜酱（Seafood Sauce）

- 橄榄油 1 汤匙
- 洋葱 1 个，切碎
- 大蒜 2 瓣，切碎
- 干白葡萄酒 100 毫升
- 干辣椒籽一撮
- 熟制海鲜 600g，例如青口、大虾、扇贝和鱿鱼圈
- 2 汤匙切碎的新鲜平叶欧芹
- 盐和胡椒粉

在锅中到入橄榄油加热，加入洋葱碎小火热 5 分钟至其松软但不焦。放入大蒜碎烧 30 秒后倒入干白葡萄酒和辣椒烧至开锅，转文火炖 10 分钟。放入全部海鲜和欧芹，然后大火烧 2 ~ 3 分钟。盛盘时，在意面上撒上盐和胡椒粉调味即可。

★ 烟花女意面酱（Puttanesca Sauce）

- 橄榄油 4 汤匙
- 大蒜 4 瓣，切至细碎
- 鳗鱼片 2×50 克，沥干切碎

- 新鲜辣椒 1 个，切碎或者干辣椒籽半茶匙
- 罐装碎番茄酱 2×400 克
- 意大利酸豆 2 汤匙
- 去核乌榄 125 克，切碎
- 新鲜平叶欧芹 2 汤匙，切碎
- 盐和胡椒粉

锅中放入橄榄油烧热，放入大蒜碎、鲟鱼和辣椒碎烧 30 秒，再放入碎番茄酱和意大利酸豆烧至开锅，后转小火炖 20 分钟，用勺子不时搅动至汤汁浓稠。搅入切好的橄榄和平叶欧芹，撒上盐和胡椒调味。最后盛出浇在意面上即可。

★ **意式肉酱**（Ragu Bolognese Sauce）

- 橄榄油 3 汤匙
- 意式烟肉或培根 75 克，切碎
- 洋葱 1 个，切碎
- 牛肉馅 375 克
- 胡萝卜 1 根，切碎
- 芹菜秆 1 根，切碎
- 牛肉汤 225 毫升
- 红葡萄酒 225 毫升

· 稠番茄酱 3 汤匙
· 盐和胡椒粉

在平低锅中放入橄榄油烧热。倒入意式烟肉或或培根碎和洋葱碎，烧 5 分钟至洋葱碎开始变软。放牛肉馅热 5 分钟至肉色变深即可，如果牛肉成块则将其捣碎。加胡萝卜碎和芹菜碎，翻炒 2 分钟。将其余材料全部放入锅中，小火烟 1 小时，偶尔翻动一下。取出盛于面条之上或用于烤好的意式宽面上。

★ 奶油培根酱（Carbonara Sauce）

· 鸡蛋 3 个
· 新鲜碎帕尔马干酪 4 汤匙
· 淡奶油 4 汤匙
· 橄榄油 2 汤匙食
· 洋葱 1 个，切碎
· 大个儿大蒜 1 瓣，切碎
· 咸猪肉或者去皮无烟熏五花培根（美式培根）225 克，切成碎块
· 盐和胡椒粉

将鸡蛋、碎帕尔马干酪、淡奶油、盐和胡椒粉放在碗中搅匀。将橄榄油放入锅中加热，再加入洋葱碎，小火烧 5 分钟至其松软但不焦。放入大蒜碎烧 30 秒后，放

入咸猪肉或五花培根碎再煎 5 分钟，一直翻动直到肉质变脆。将之前准备好的蛋液混合物倒入锅中，最后出锅浇在热腾腾的意面上拌匀即可，意面的热度可以使鸡蛋自行热熟。

意面

★ 意式细面（Spaghetti）

比较流行的配料有意大利肉丸、意大利肉酱和干酪酱，以及其他番茄制成的酱料。吃意式细面最好的方法是用叉子将意面在盘碗内卷起，但是一次不要卷得太多。可以用勺子辅助，在意大利南部所有人都会这么做，但不要用刀。

将 400 克意式细面放入盛有沸盐水的平底锅中煮

8 ~ 10 分钟，或者按照面条标签上的建议煮至面条变软。锅中留 2 汤匙水，将面条捞出沥干再放回锅中，放入一块奶油或少许橄榄油，撒上胡椒粉调味并搅拌均匀。盛入碗中配上你喜欢的酱汁和顶料即可。

★ 螺旋意面（Fusilli）

这种螺钉形状的意面也可以做成不同颜色，用菠菜可以做成绿色，用番茄可以做成红褐色。螺旋面也分为实心和空心的，空心的叫作“fusilli bucati”。浓稠的酱汁很容易附着在螺旋面上，所以适宜搭配使用。

取 400 克螺旋面放入沸盐水中煮 10 ~ 12 分钟，或按照面条标签建议煮至面条变软。锅中留 2 汤匙水，将面条捞出沥干后再放回锅中，加一块奶油或者少许橄榄油，撒上胡椒粉调味并搅拌均匀。盛入盘中配上你喜欢的酱汁和顶料即可。

★ 猫耳面（Orecchiette）

外形较圆，中间凹陷呈碗状，是意大利南部城市普利亚及阿普利亚地区的代表性食物。猫耳面有很多种颜色，用菠菜为原料的呈绿色，用番茄为原料的则呈红褐色。通常猫耳面和西兰花一起搭配番茄酱或肉馅酱料，例如意大利肉酱和意式肉丸。

取 400 克猫耳面放入沸盐水中烧 10 分钟，或按照面条标签建议煮至变软。锅中留 2 汤匙水，将面条捞出沥干后再放回锅中，加一块奶油或少许橄榄油，撒上胡椒粉调味并搅拌均匀。盛入盘中配上你喜欢的酱汁和顶料即可。

★ 意式宽面卷（Tagliatelle Nests）

这种扁长的带状意面发源于意大利北区的博洛尼亚。市面上有卷状或者直条宽面，可以直接吃，也可以合配大蒜或其他香料，色泽上想绿一些就配菠菜，想红润一些就配上番茄。意面肉酱是搭配宽面的传统酱汁，其他厚重多汁的肉和鱼也是一种选择，都可以很好地附着在面上。

一人份用 2 ~ 3 卷干面，或者按照 400 克干面分成四人份，放入盛有沸盐水的锅中煮 8 ~ 10 分钟或者按照面条标签上的建议热至松软。锅中留 2 汤匙水，把面取出沥干再放回锅中，加一块奶油或少许橄榄油，撒上胡椒粉调味搅拌均匀。将面盛入碗中，添加你喜欢的酱汁和顶料即可。

★ 通心粉（Macaroni）

这种表面光滑、中空管状、可长可短又有点弯曲的意面，被称为弯管通心粉。通心粉是经典奶酪意面的必备材料，这可能也是通心粉一直以来都很受欢迎的原因。

取 400 克通心粉放入沸盐水中煮 10 ~ 12 分钟，或按照面条标签建议煮至面条变软。锅中留 2 汤匙水，将面条捞出沥干后再放回锅中，加一块奶油或者少许橄榄油，撒上胡椒粉调味并搅拌均匀。盛入盘中配上你喜欢的酱汁和顶料即可。如果想做奶酪意面，那么浇上意式白汁，撒一些切达尔奶酪或者帕尔马干酪，再放入烤箱中以 180℃烤 20 分钟至焦黄即可。

★ 菠菜&乳清干酪饺子（Spinach & Rlcotta Ravioli）

- 面粉 300 克
- 鸡蛋 4 个，打成蛋液
- 橄榄油 1 汤匙
- 冻菠菜 350 克，化冻后晾干
- 乳清干酪 175 克
- 帕尔马干酪 100 克，捏碎
- 碎肉豆蔻
- 盐和胡椒粉

将面粉、一撮盐、3/4 蛋液和油混合做成面团。揉面 10 分钟至表面平滑。放入冰箱冰藏 30 分钟后取出，擀成 2 张长方形薄面皮。将其余食材搅拌作为馅料，取每一份 1 茶匙，间隔 4 厘米均匀放在一张面皮上。在馅料间的空处抹水，将第二张饼皮覆盖在上面，将馅料裹好，面皮压实，把每一份切成方块状。在沸腾盐水中煮 5 分钟，用漏勺盛出即可。

开始制作你的意面吧。

本文整理自《有意面，不孤单：快煮慢食的10000种意大利面》，苏珊娜·提著，张东亚译，北京联合出版公司（未读），2016年5月版，由未读授权发布。

苏珊娜·提（Susanna Tee）

一位颇有成就的厨师，一名经验丰富的美食作家和编辑。她在学习家庭经济学时获得雀巢旅行奖学金，这给了她在欧洲学习食物和烹饪的机会。

寻香而至的历史：香料如何改变人类文明

作者 | 汤姆·斯坦迪奇　　**译者** | 杨雅婷

寻觅香料者解开了香料来源的谜题，却吊诡地贬低了这费力寻得的宝藏的价值。

我们不停地在好几座岛上做买卖，直到抵达印度（Hind）地区，在那里购买丁香、姜和各式各样的香料；我们从那里继续旅行到辛德（Sind）地区，也在那儿做买卖。在这些印度海洋中，我看到无数奇观。

——《一千零一夜》

香料神话

根据古希腊历史学家的记载，对于任何企图在异域采集当地香料的人来说，飞蛇、食肉巨鸟，以及形似蝙蝠的凶猛生物，只不过是等候他们的危险的其中几种罢了。公元前 5 世纪，被称为“历史之父”的古希腊作家希罗多德（Herodotus）曾经说，采集桂皮（cassia，一种肉桂）时，必须穿上由牛皮制成的连身服，遮盖住身上的每一处，只露出眼睛。只有如此，才能保护穿戴者不受一种动物伤害，那是“长着翅膀、形似蝙蝠的生物，会发出恐怖的尖叫，而且非常凶猛……当人们切割桂皮时，必须避免让这种生物攻击自己的眼睛”。

希罗多德声称，更奇异的是采集肉桂的过程。“它生长在哪个国家，我们不得而知。”他写道：“阿拉伯人说，我们称为肉桂的干枝，是由大鸟带到阿拉伯的。大鸟把这些干枝衔到它们的巢——用泥巴筑在无人能攀爬的断崖绝壁上。人们发明了取得肉桂枝的方法：将牛的尸体切成连骨的大块肉，留在鸟巢附近的地上。然后人们散开，让鸟飞下来把肉带到巢里，结果巢太脆弱，无法承受肉的重量，便掉到地上。人们于是前来拾取肉桂。以这种方式取得肉桂后，再外销到其他国家。”

公元前 4 世纪的古希腊哲学家泰奥弗拉斯托斯（Theophrastus）则有不同的说法。他听说肉桂生长在由致命毒蛇看守的深谷中。唯一安全的采集方式，是穿戴防护手套和鞋子，并在采到之后留下 1/3 作为献给太阳的礼物，而太阳将使这份供品化为熊熊燃烧的火焰。还有另一个传说描述了保护乳香树的飞蛇。根据希罗多德的记载，驱离这些蛇的方法只有一种：采集香料者必须焚烧一种芳香的树脂，称为安息香（storax），制造出一团团烟雾，才能将这些蛇熏出来。

公元 1 世纪的古罗马作家老普林尼（Plinythe Elder）对这类故事嗤之以鼻。“那些老传说，”他宣称，“是阿拉伯人编出来抬高商品价格的。”他可能还补充道，这些关于香料的无稽之谈，也意在让欧洲买主搞不清楚香料的来源。乳香产自阿拉伯，肉桂则不是。肉桂的原产地远在印度南部和斯里兰卡；它与胡椒和其他香料一起，从那里被装上船，渡过印度洋。但是阿拉伯商人将这些进口产品连同本地的香药，由骆驼商队跨过沙漠运到地中海。他们喜欢将稀有商品的真正来源罩上一层神秘的外衣。

这些故事产生了绝佳的效果。阿拉伯商人在地中海周围的顾客，准备为香料付出高昂的金额，主要是因为它们充满异国情调的蕴含，及其神秘的来源。这些香料主要是植物萃取物，提炼自干燥的树汁、树胶和树脂，以及树皮、树根、种子和干燥的果实，其本身并无任何贵重价值，但它们因独特的香气和味道而备受珍视；对许多植物来说，这些气味是用来驱逐昆虫或害虫的防卫机制。此外，就营养而言，香料并非必要。其共同点是可以长久保存、重量轻、难以取得，并只能在特定的地方找到。这些因素使香料成为长距离贸易的理想商品——而且载送得越远，便越受欢迎、越富异国风情，也越加昂贵。

香料为什么吃香

英文中的“香料”（spice）一词源自拉丁文的“species”，后者也是特殊（special）、特别（especially）等词的词根。“species”的字面意义是“类型”或“种类”——在生物学中，species 一词（意指“物种”）仍含有这个意义——但它被用来指那些必须课税的物品类型或种类，因而引申出“贵重物品”的意思。有一份来自公元 5 世纪的罗马文件，称为“亚历山大关税表”（Alexandria Tariff），上面列有 54 项这类物品，标题为“要课税的（物品）种类”（species pertinentes ad vectigal）。这份名单包括肉桂、桂皮、姜、白胡椒、长胡椒、小豆蔻、沉香木和没药，全都是奢侈品，要在埃及的亚历山大港付 25% 的进口税。来自东方的香料经亚历山大港流入地中海，再送到欧洲顾客手中。

如今，我们会认定这些种类的物品（或物种）为香料。亚历山大关税表也列出若干源自异国的项目：狮子、花豹、黑豹、丝绸、象牙、龟壳和印度太监；严格说来，这些也是“spices”。由于只有被额外课税、稀有而昂贵的奢侈品才有资格叫作香料，因此如果某种物品的价格因为供应量增加而跌落，它便将从表格上删除。这大概可以解释为什么罗马人使用最多的黑胡椒，并未出现在亚历山大关税表上，因为到了公元 5 世纪，由于自印度进口的货品激增，黑胡椒已变得平凡无奇。现在，“spice”这个字的用法较狭隘，专指食物。黑胡椒是一种香料，尽管它并未列在关税表上；而列在关税表上的老虎，则不是香料。

因此，按照定义，香料曾经是昂贵的进口商品。这又进一步提高了它们的吸引力。购买香料的炫耀性消费是一种展示个人财富、权力和慷慨的方式。香料被当成礼品馈赠，在遗嘱中与其他贵重物品一起赠与后人，在某些情况下甚至被当作货币使用。香料原本是熏香和香水的成分，在欧洲，似乎是希腊人率先将香料用于烹调，然后，罗马人借用、扩展了希腊人的点子，并将它普及。集结了 478 份罗马食谱的《阿比休斯烹饪书》[①] 中，“五香鸵鸟”这道菜品中用到了大量的外国香料，包括胡椒、姜、广木香、柴桂叶、甘松香和姜黄。到了中世纪时代，食物被覆盖在厚厚的香料下。在中世纪的烹饪书中，四分之三的食谱上都有香料。鱼、肉端上餐桌时，会佐以富含香料的酱汁，包括丁香、肉豆蔻核仁、肉桂、胡椒和肉豆蔻膜衣的各种组合。富人们享用着用大量香料调味的食物，其品位真是名副其实的高“贵”。

这种对香料的热爱，有时被归因于香料可以用来掩盖腐肉的味道，因为要长期保存肉类想必十分困难。然而，考虑到香料的价格，这种使用方式应该很奇怪吧！任何买得起香料的人当然也买得起好肉，香料显然是最贵的食材。而且，文献上记载了许多中世纪的案例，描述商人因销售腐肉而受罚，所以腐坏的肉应该是例外，而非常态。关于香料与腐肉的谜团出奇地历久不衰，其起源可能是人们普遍以腌制的方式来保存肉类，而香料则被

① 《阿比休斯烹饪书》（*The Cookbook of Apicius*），一般认为此书编纂于公元 4 世纪末或 5 世纪初，作者不详。长久以来，阿比休斯一直被联想到对于食物的精致品味和热爱，显然是因为之前有某位美食家叫这个名字。

用来遮掩肉的咸味。

就另一种更神秘的意义而言，香料确实被视为可消除尘世污秽的解药。人们认为香料是落入凡间的天堂碎片。某些古代的权威人士说：天堂（或伊甸园——根据后来基督教作者的说法）中生长着许多风味奇特的植物，姜和肉桂从那里顺流而下，被人用网从尼罗河捞上来。在尘世的肮脏现实中，香料提供了天堂超凡脱俗的滋味。因此，宗教上使用熏香来提供神界的香气，人们焚烧香料，作为献给诸神的供品。香料也被用作涂敷死者身体的防腐剂，使他们能顺利进入来世。一位古罗马文学家甚至说，神话中的凤凰以精心挑选的香料来筑巢。“她搜集亚述人和富裕的阿拉伯人所采集的香料和香气，还有由俾格米族人[1]和印度人采收的香料，以及生长在希巴王国[2]的柔软胸怀中的香料。她搜集肉桂、豆蔻飘送到远方的香气，以及用柴桂叶混合的香膏；还有一片温和的桂皮和阿拉伯胶，以及乳香的浓郁泪滴。她加上毛茸茸的甘松柔嫩的

① 俾格米族人（Pygmy），泛指世界上身高不满 150 厘米的矮小民族。

② 希巴王国（Sabaean land），位于阿拉伯半岛西南部的古代民族。

钉状花穗，以及潘查岛[①]上的没药。”

由此可见，香料的魅力来自下述因素的组合：它们遥远而神秘的原产地、它们最终的高价与作为地位象征的价值、它们的神话与宗教蕴含——当然，还有它们的香气和滋味。古人对于香料的迷恋，在今天看来似乎武断而奇怪，但其强度却不可被低估。对于香料的追求，是食物重塑世界的第三种方式：它不仅照亮了世界的完整规模与地理，也驱使欧洲探险者在建立互相竞争的贸易帝国的过程中，寻找直接通往印度地区的途径。从欧洲的观点检视香料贸易可能显得很奇怪，因为在古代贸易中，欧洲只占据周边的位置，扮演一个小角色。但这正好提高了香料的神秘感与吸引力。干燥的树根、皱缩的莓果、脱水的枝条、一片片树皮，还有点点黏稠的树脂——欧洲人努力想找出这些具有奇特魅力的物质的真实产地，这也对人类历史进程造成重大的影响。

① 潘查岛（Panchaea），一座虚构的岛屿。公元前4世纪的希腊哲学家欧伊迈罗斯（Euhemerus）在著作中首度提到该岛。现存的残篇描述潘查岛是个充满理性的天堂之岛，位于印度洋中。

横越世界的香料地图

在公元前1世纪之前，只有阿拉伯和印度水手知道依季节而改变方向的信风的秘密。信风使船只能在阿拉伯半岛与印度西岸之间快速而规律地渡洋。控制了信风的知识以及横越阿拉伯半岛的路线，印度和阿拉伯商人便能牢牢掌控印度与红海之间的贸易。他们在阿拉伯半岛西南部各地的市场上，将香料与其他东方物品卖给亚历山大的商人。然后，这些物品经由船运沿红海北上，再跨越陆地到尼罗河，最后沿尼罗河北上，抵达亚历山大。

后来，红海与印度西岸之间的直接海上贸易逐渐兴起。随着罗马在公元前30年吞并埃及之后，商船得以直接开到红海上，随后在奥古斯都大帝的统治下，罗马进一步巩固了对于红海与印度之间的贸易控制。到了公元1世纪初期，每年有多达120艘罗马船只驶往印度，以购买黑胡椒、广木香和甘松香等香料，还有宝石、中国丝绸，以及将在罗马世界的各个竞技场上被屠杀的异国动物。

印度洋是当时的全球商业中心，有史以来，欧洲人首度在蓬勃发展的印度洋贸易网络中成为直接的参与者。《厄立特里亚海航行记》（*Periplus of the Erythraean Sea*）是一位不知名的希腊航海家所撰写的水手指南，写成于公元 1 世纪。它列出印度西岸的港口及其特产，从北部的巴巴里肯（是购买广木香、甘松香、芳香树胶和天青石的好地方）到巴利加萨（适合买长胡椒、象牙、丝绸，以及一种本地产的没药），一直到接近印度南端的涅辛达——此区的主要贸易商品是胡椒，让我们一窥那些通过印度洋而联结在一起的市场所进行的狂热商业活动。

《航行记》让我们从欧洲的视角一瞥贸易网络的形态，我们发现其初期联结早在数千年前便已建立。公元前 2000 多年，美索不达米亚地区已经可以买到来自印度南部的小豆蔻。公元前 1000 多年，埃及船只从庞特地区（可能是现在的埃塞俄比亚）带来乳香和其他香药，而法老王拉美西斯二世在公元前 1224 年下葬时，鼻孔中各塞了一粒印度产的干胡椒。

香料贸易网在公元前 500 年到公元 200 年的扩张风潮中，逐渐涵盖了整个旧世界——来自印度的肉桂与胡椒被运往西方，远至英国；来自阿拉伯的乳香则向东旅行到中国。但这个网络的参与者大多不晓得的完整范围，他们并不总是知道自己买卖的商品来源于哪里。就像希腊人以为阿拉伯商人卖到他们手中的印度香料真的产自阿拉伯一样，中国人似乎也以为肉豆蔻和丁香源自马来半岛、苏门答腊或爪哇，殊不知它们的真正产地在更东边的摩鹿加群岛，马来半岛那些地方其实只是贸易航路沿线的停靠港而已。

香料也经由陆路横越世界。从公元前 2 世纪开始，横跨大陆的路线便联结了中国与地中海东部，将西方的罗马世界与东方的中国汉朝牵系起来。沿着“丝绸之路”被买卖的香料包括麝香、大黄和甘草。在印度北部和南部之间、印度和中国之间，以及东南亚和中国内陆之间，香料也经由陆路运送。在罗马时代，肉豆蔻核仁、肉豆蔻膜衣和丁香都可以在印度和中国买到，但直到罗马统治末期，这些香料才常见于欧洲。

不过，在公元 1 世纪末，罗马的香料贸易开始走上下坡。随着罗马帝国衰落，其财富与影响范围在接下来的数百年间逐渐缩减，它与印度的直接香料贸易也跟着枯萎，阿拉伯、印度和波斯商人再度成为地中海沿岸居民的主要供货商，但香料仍继续流行。

在古罗马与东方的直接贸易蓬勃兴盛的期间，欧洲人曾短暂地进入过活跃的印度洋贸易系统。公元 1 世纪，这个贸易网络横跨旧世界，将当时欧亚大陆最强大的帝国联结起来：欧洲的罗马帝国、美索不达米亚的巴底亚帝国（Parthian Empire）、印度北部的贵霜帝国（Kushan Empire），以及中国的汉朝。（罗马与中国之间甚至有使节往来。）经陆路与海路在全球贸易网上旅行的商品很多，香料不过是其中之一，但是，香料价值高、重量轻、易于储存，而且许多香料只出产在世界上某些地方，因此非常受欢迎。基于上述因素，香料成为极特殊的商品——只有它们会从全球网络的一端被买卖到另一端。一个例证是罗马的原始文献提到丁香，这种植物只生长在位于地球另一面的摩鹿加群岛。香料将东南亚的风味带到罗马的餐桌上，也将阿拉伯的香气带进中国寺庙。随着香料在世界各地被买卖，它们也带去了其他的东西。

重塑世界的方式

沿着贸易路线流动的并不只是货物而已。除了物质商品之外，新发明、语言、艺术风格、社会习俗和宗教信仰也一同被商人带到世界各地。因此，关于葡萄酒与酿酒的知识，在公元 1 世纪从近东流传到中国；关于面条的知识则朝着相反的方向传回去。其他的发明也很快跟进，包括纸、指南针和火药。阿拉伯数字其实源自印度，但它们经由阿拉伯商人传到欧洲，因而获得这个名称。在印度北部贵霜文化的艺术和建筑中，希腊文化的影响清晰可见；威尼斯的建筑物上装饰着阿拉伯的花体文字。贸易与知识传播之间的交互影响，在地理和宗教两个领域发挥了彼此强化的作用。

香料由于非常适合长途货运，促使人类组织起第一个全球贸易网络。香料贸易网络是那个时代的通信网络，它将距离遥远的土地连接了起来。

也正是出于对香料的想象和追逐，轰轰烈烈的地理大发现在后来得以展开，并永久地改变了世界的格局。虽然在美洲寻觅香料的主意最后让人们一无所获，但美洲为世界其他地区提供了各式各样的新食材，包括玉米、马铃薯、栉瓜、巧克力、番茄、菠萝，以及香草和五香等新的调味料。而且，虽然哥伦布未能在新世界找到他所寻觅的香料，他却发现了一样（就某些方面而言）更好的东西。“这片土地盛产‘aji’，”他在航海日志中写道，“那就是他们的胡椒，比黑胡椒还值钱，所有的人只吃这个，它非常有益健康。每年约可装满 50 艘轻帆船。”他所说的是辣椒。虽然它不是胡椒，但用法相似。一位在西班牙宫廷的意大利观察者指出，5 颗辣椒比 20 颗来自马拉巴的普通胡椒还要辛辣，味道也更重。更棒的是，不同于大多数的香料，辣椒可以轻易地种植在其原产地之外的地方，因此它迅速散播到全世界，并在几十年之内成为亚洲料理的重要材料。

然而，随着时间的推移和全球贸易的加深，香料价格于 17 世纪末开始在欧洲滑落。部分原因是供过于求。曾经有许多传说杜撰它们超脱尘俗的来源，一旦这些迷思被驱散，香料便不再显得如此迷人；它们开始变成大家负担得起的东西，甚至平凡无奇。使用大量香料调味的料理被视为过时落伍乃至堕落，因为人们的口味变了，较简单的新料理在欧洲逐渐蔚为风尚。同时，作为富异国情调的地位象征，香料也因为烟草、咖啡和茶等新产品的出现而黯然失色。寻觅香料者解开了香料来源的谜题，却吊诡地贬低了这费力寻得的宝藏的价值。如今，大多数的人会不假思索地走过超级市场中的香料——它们装在小玻璃瓶里，整齐地排列在货架上。对于曾经重塑世界的伟大贸易来说，这真是个悲哀的结局。

几世纪以来，人们一直欣赏来自世界另一边的异国风味，为了满足他们的需要，蓬勃兴盛的商业与文化交流才会出现。香料贸易留给后世的遗产损益参半：寻觅香料的伟大航行揭开了这个星球的真实地理面貌，并启动了人类历史上的新纪元；但也是因为香料，欧洲诸势力开始在世界各地攫取据点，建立交易站和殖民地。香料不仅将欧洲人送上发现与探索的航程，也播撒下最终长成欧洲殖民帝国的种子。

本文节选自《舌尖上的历史：食物、世界大事件与人类文明的起源》（中信出版集团2014年7月版），汤姆·斯坦迪奇著，杨雅婷译。由中信出版集团授权发布，有删改。

汤姆·斯坦迪奇
（Tom Standage）

专栏作家、BBC 时事评论员、《经济学人》数字编辑，负责杂志的网站及其移动端版本，曾任《经济学人》商业编辑、科技编辑和科学记者。

执行策划：

不知知（炸鸡：100% 满足脆皮之欲）

不知知（咖啡：三分钟造梦机器）

不知知（日本料理：家庭料理之心）

荣　妍（意大利面：面与酱的繁文缛节）

纪宇彪（食物技术革新：从古早到未来）

微信公众号：离线（theoffline）

微博：@ 离线 offline

知乎：离线

网站：the-offline.com

联系我们：AI@the-offline.com